Sitzungsberichte
der Akademie der Wissenschaften
der DDR
Mathematik – Naturwissenschaften – Technik

21 N
1978

Karl F. Alexander

Energiequellen der Zukunft

AKADEMIE-VERLAG · BERLIN

Sitzungsberichte
der Akademie der Wissenschaften
der DDR
Mathematik—Naturwissenschaften—Technik

Jahrgang 1978 · Nr. 21/N

Karl F. Alexander

Energiequellen der Zukunft

AKADEMIE-VERLAG · BERLIN
1978

Vortrag von Karl F. Alexander, Ordentliches Mitglied der Akademie der Wissenschaften der DDR, in der wissenschaftlichen Sitzung des Plenums der Akademie am 15. 12. 1977

Herausgegeben im Auftrage
des Präsidenten der Akademie
der Wissenschaften der DDR
von Vizepräsident Prof. Dr. Heinrich Scheel

Erschienen im Akademie-Verlag, 108 Berlin, Leipziger Straße 3—4

Lizenznummer: 202 · 100/176/79
Gesamtherstellung: VEB Druckhaus Köthen
Bestellnummer: 762 714 2 (2010/78/21/N) · LSV 3215
Printed in GDR
DDR 4,— M

Seit mehr als 150 Jahren ist die Entwicklung der Produktivkräfte aufs engste verknüpft mit der immer breiteren Anwendung künstlicher Energiequellen, die die menschliche oder tierische Muskelkraft ersetzen. Das Bedürfnis nach solchen Energiequellen war die Folge, nicht die Ursache der industriellen Revolution.

MARX sagt dazu im „Kapital“: „Die Dampfmaschine selbst, wie sie Ende des 17. Jahrhunderts während der Manufakturperiode erfunden ward und bis zum Anfang der 80er Jahre des 18. Jahrhunderts fortexistierte, rief keine industrielle Revolution hervor. Es war vielmehr umgekehrt die Schöpfung der Werkzeugmaschinen, welche die revolutionierte Dampfmaschine notwendig machte ... Die Erweiterung des Umfangs der Arbeitsmaschine und der Zahl ihrer gleichzeitig operierenden Werkzeuge bedingt einen massenhafteren Bewegungsmechanismus, und dieser Mechanismus zur Überwältigung seines eigenen Widerstandes eine mächtigere Triebkraft als die menschliche ...“ [1].

Dann weist MARX darauf hin, daß damit aber auch erst die Möglichkeit für die industrielle Großproduktion geschaffen war: „Nachdem erst die Werkzeuge aus Werkzeugen des menschlichen Organismus in Werkzeuge eines mechanischen Apparats, der Werkzeugmaschine, verwandelt, erhielt nun auch die Bewegungsmaschine eine selbständige, von den Schranken menschlicher Kraft völlig emanzipierte Form. Damit sinkt die einzelne Werkzeugmaschine, die wir bisher betrachtet, zu einem bloßen Element der maschinenmäßigen Produktion herab. Eine Bewegungsmaschine konnte jetzt viele Arbeitsmaschinen gleichzeitig treiben. Mit der Anzahl der gleichzeitig bewegten Arbeitsmaschinen wächst die Bewegungsmaschine und dehnt sich der Transmissionsmechanismus zu einem weitläufigen Apparat aus.“ [2]

MARX denkt hier natürlich an den mechanischen Transmissionsmechanismus einer Fabrik des 19. Jahrhunderts. Wieviel mehr aber trifft seine Feststellung, daß „das Maschinensystem sich nicht frei entwickeln konnte, bevor an die Stelle der vorgefundenen Triebkräfte — Tier, Wind und selbst Wasser — die Dampfmaschine trat“ [3], auf das 20. Jahrhundert zu, in dem der „Transmissionsmechanismus“ der Elektroenergiesysteme ganze Länder überzogen hat und das kühne Wort LENINS „Kommunismus ist Sowjetmacht plus Elektrifizierung des ganzen Landes“ in der Praxis verwirklicht wird.

Der „weitläufige Apparat“ der Energiewirtschaft ist heute zu einem entscheidenden und die Produktivität der menschlichen Arbeit weitgehend bestimmenden Faktor im Gesamtsystem der Produktivkräfte geworden. Das ist deutlich ablesbar aus dem bekannten Zusammenhang zwischen Energieverbrauch und Nationaleinkommen (Abb. 1).

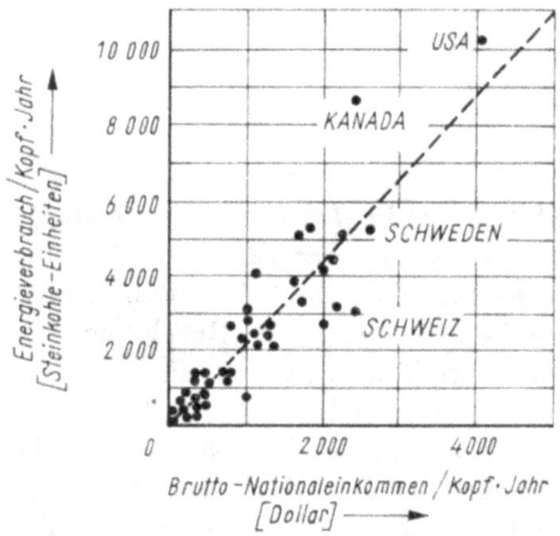

Abb. 1 Zusammenhang zwischen Energieverbrauch und Nationaleinkommen
(P. L. Kapiza, Usp. fiz. nauk **122** (1977) 329)

Mit der Entwicklung der Industrie und ihrem Bedarf an mechanischer Energie, der heute vor allem durch Elektroenergie gedeckt wird, entstand auch ein ebenfalls schnell wachsender Energiebedarf für Transport, Stoffwandlung, Heizung und Beleuchtung. Der Weltenergieverbrauch ist in den letzten 100 Jahren exponentiell mit einer mittleren jährlichen Zuwachsrate von 2% gewachsen (Abb. 2). Dieser Anstieg hat sich in der letzten Zeit noch beschleunigt, und heute rechnet man mit einer Verdopplung des Energiebedarfs in 20 Jahren entsprechend einer jährlichen Wachstumsrate von 3,5%. Wegen des großen Nachholebedarfs der Entwicklungsländer und der weiterhin steigenden Bevölkerungszahl der Erde ist eine Sättigung des Bedarfs auch in den nächsten mindestens 50 Jahren nicht zu erwarten.

Damit ist jedoch zunächst nur die quantitative Seite angesprochen. Prognostische Aussagen werden vor allem auch benötigt für die zu erwartenden qualitativen Änderungen in der Struktur der Energiewirtschaft, die einerseits durch die wissenschaftlich-technische Entwicklung (wie z. B. die Ablösung des mechanischen Transmissionsmechanismus durch das Elektroenergienetz in der Vergangenheit), andererseits aber vor allem auch durch den Ersatz bisher verwendeter Primärenergieträger durch neu zu erschließende bedingt sind.

Wir benötigen also Antworten auf folgende Fragen:

— Verfügbarkeit und technologische Erschließbarkeit der Primärenergieträger (Ressourcenproblematik);

— Ersatz erschöpfter Energieträger durch neu zu erschließende (Substitutionsproblematik);
— notwendige volkswirtschaftliche Aufwendungen zur Deckung des Energiebedarfs (Investitionsproblematik);
— ökologische Auswirkungen der Energiewirtschaft (Umweltproblematik).

Die industrielle Revolution entwickelte sich auf der Basis der Kohle als Primärenergieträger. Hinzu kamen in unserem Jahrhundert Erdöl und Erdgas, deren Anteil an der Gesamtenergiebilanz heute knapp 70% beträgt. Gerade an letzterem wird die Dringlichkeit der Ressourcenproblematik deutlich, denn die Erschöpfung der Lagerstätten ist im Laufe der nächsten 50 Jahre zu erwarten. Nimmt man alle fossilen Primärenergieträger zusammen, so zeigt sich, daß sie den steigenden Energiebedarf der Menschheit nur für einen historisch kurzen Zeitraum decken können. Insbesondere die Substitution von Erdöl und Erdgas auch für Anwendungen, in denen sie schwer zu ersetzen sind, wird bereits in naher Zukunft notwen-

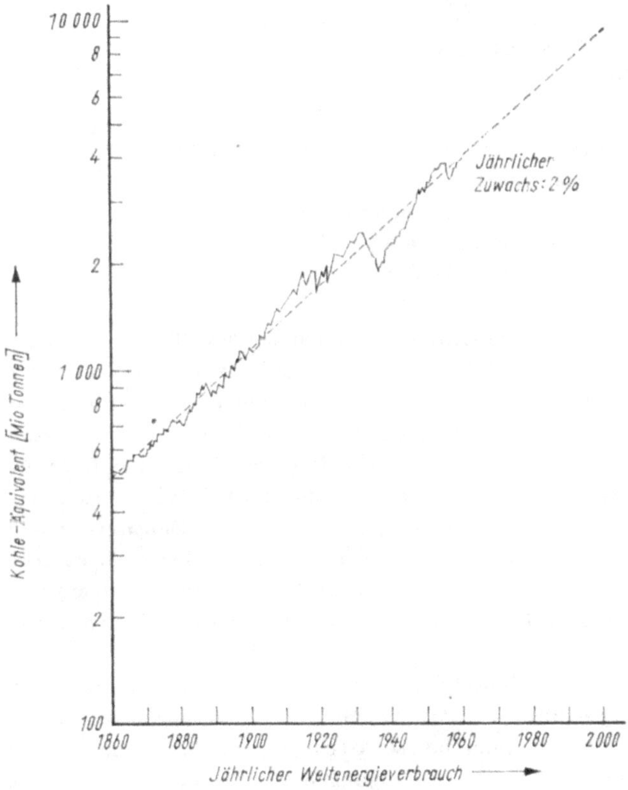

Abb. 2 Zuwachs des Weltenergieverbrauchs (IIASA CP-76-1, S. 804, 1976)

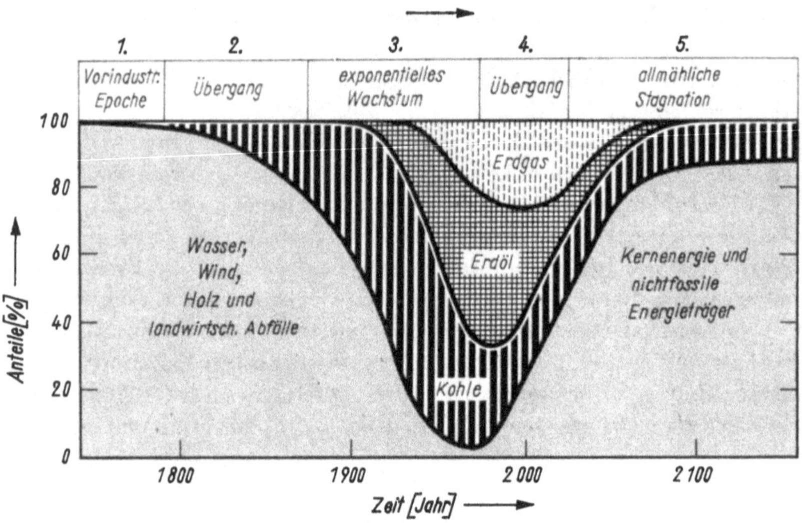

Abb. 3 Entwicklung der Energieträgerstruktur
(Umschau **76**, S. 417, 1976, Bild 2)

dig (Abb. 3). Damit ist die Erschließung neuer Primärenergiequellen eine Aufgabe von lebenswichtiger Bedeutung geworden.

Betrachten wir zunächst diejenigen Energiequellen, die uns die Natur als nicht erschöpfbare, weil ständig sich erneuernde anbietet. Es sind die klassischen Energiequellen Sonne, Wasser und Wind, die der Mensch schon lange vor der industriellen Revolution nutzte.

Die Sonnenenergie könnte ihrer Quantität nach jeden vorstellbaren Energiebedarf der Menschheit in alle Zukunft decken, und sie deckt ja auch einen lebensnotwendigen Teil unseres Energiebedarfs in Form von durch Photosynthese erzeugten Lebensmitteln und landwirtschaftlichen Roh- und Brennstoffen. Bis zum Ende des 19. Jahrhunderts wurde der Brennstoffbedarf der Menschheit überwiegend aus diesen Quellen gedeckt, und dies ist bis heute noch in vielen Entwicklungsländern der Fall. Durch neue Technologien, wie z. B. die Biogaserzeugung aus landwirtschaftlichen Abfällen, lassen sich auch in Zukunft sicher noch manche Energiereserven insbesondere für noch wenig industriell erschlossene Gebiete mobilisieren. Aber die Energiebedürfnisse einer Industriegesellschaft können damit nicht befriedigt werden.

Die mittlere jährliche Energieflußdichte der Sonnenstrahlung an der Erdoberfläche variiert je nach der geographischen Breite und den Witterungsbedingungen zwischen 2 und 6 kWh/m^2 d und kann bei senkrecht zur Einstrahlungsrichtung ausgerichteten Flächen unter optimalen Bedingungen 7 kWh pro m^2 und Tag entsprechend 300 W/m^2 erreichen.

Bei hohem Anteil direkter Sonneneinstrahlung wie in Trockenregionen niedriger

Breiten lassen sich durch Fokussierung hohe Temperaturen für die Elektrizitätserzeugung oder thermochemische Prozesse erreichen. Nach diesem Konzept wird z. B. in den USA ein 100 MW(e)-Sonnenkraftwerk für die Mitte der 80er Jahre projektiert (Abb. 4). Es umfaßt 15 000 Spiegel von je 40 m² Fläche, die jeder einen Nachführmechanismus benötigen [4]. Vergleicht man ein solches Kraftwerk mit einem konventionellen Kohle- oder Kernkraftwerk, das einen Investitionsaufwand von 1000 $/kW benötigt, so dürfte einer dieser Spiegel nicht mehr als 125 $ kosten, um Konkurrenzfähigkeit zu erreichen, was offensichtlich utopisch erscheint [5]. Realistische Abschätzungen führen daher auch zu Investitionskosten für ein solches Sonnenkraftwerk, die mehr als doppelt so hoch sind [6].

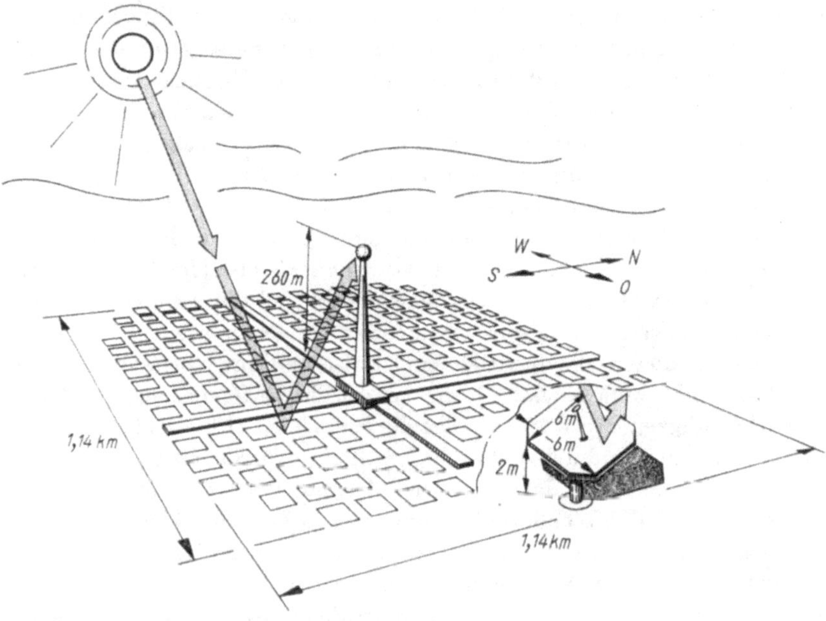

Abb. 4 Projekt für ein 100 MW(e)-Sonnenkraftwerk in den USA
(IIASA RM-77-23, S. 10, 1977)

Ähnlich ungünstig sieht es mit der Anwendung photoelektrischer Wandler für die großindustrielle Elektrizitätserzeugung aus, obwohl in diesem Falle keine Nachführmechanismen und keine Turbinenanlagen erforderlich sind. Wegen des niedrigeren Wirkungsgrades von ca. 10% benötigt man für ein solches Kraftwerk aber etwa die doppelte Fläche, und der Quadratmeter Solarzellenfläche dürfte unter optimistischen Annahmen nicht mehr als 100 $ kosten [5]. Diese Abschätzungen gelten für optimale Bedingungen in Wüstenregionen der südlichen USA. Unter europäischen Bedingungen dürften weder thermische, noch photoelektrische Sonnen-Großkraftwerke auch für die ferne Zukunft eine Chance haben.

Es gibt jedoch Optimisten, die für das nächste Jahrhundert die massenhafte Anwendung solcher Sonnenkraftwerke in Regionen mit hoher Sonneneinstrahlung zur Erzeugung synthetischer Brennstoffe (Methanol oder Wasserstoff) als Ersatz für Erdöl und Erdgas voraussagen. Diese Prognosen müssen aber wegen des außerordentlich hohen Investitionsaufwandes mit großer Skepsis betrachtet werden.

Die Nutzung der Sonnenenergie in lokalem Maßstabe zur Einsparung anderer Energiequellen, insbesondere zur Warmwasserbereitung sowie für Heizung und Kühlung von Gebäuden ist demgegenüber attraktiver. So wurde in der DDR kürzlich eine solare Beheizungsanlage für das Freibad in Freyburg/Unstrut in Betrieb genommen, wodurch die Badesaison für dieses Bad verlängert wird. Hierfür können relativ einfache Kollektorsysteme verwendet werden. Mit nichtfokussierenden Kollektoren können nur Temperaturdifferenzen zur Umgebung von weniger als 100 °C erreicht werden, was aber für die genannten Zwecke ausreicht. Durch solche Systeme lassen sich etwa die Hälfte des für Heizung, Warmwasser und evtl. Kühlung von Gebäuden erforderlichen Brennstoffs einsparen. An isolierten Standorten ohne Fernwärmeversorgung könnten solche Anlagen auch in unseren Breiten in naher Zukunft ökonomisch konkurrenzfähig sein und einen bescheidenen Beitrag zur Substitution fossiler Brennstoffe leisten.

Die Nutzung des Windes als Energiequelle geht bis weit vor die Zeitenwende zurück. Dabei wurde die Energie aus dem Wind nahezu ausschließlich in mechanische Energie umgewandelt. In unserem Jahrhundert sind die technischen Lösungen zur Nutzung der Windenergie entscheidend verbessert worden. Die Technologie von Windgeneratoren, die direkt einen elektrischen Generator antreiben können, ist einfacher und billiger als z. B. die vergleichbarer Sonnenenergieanlagen. Bei Windgeschwindigkeiten von 10 m/sec ist die Energieflußdichte etwa 600 W/m^2, wovon durch eine gute Windmühle etwa 30% in Elektroenergie umgewandelt werden können. Der in den 30er Jahren unseres Jahrhunderts in einigen Ländern, wie z. B. Dänemark, UdSSR und USA, begonnene Aufbau von kleinen Anlagen zur Stromversorgung in entlegenen ländlichen Gebieten wurde bald wieder eingestellt, weil unter dem Aspekt der Elektroenergieerzeugung und -übertragung billigere Verfahren zur Verfügung standen. Erst die Erkenntnis, daß bei dem ständig steigenden Energiebedarf die gegenwärtig vorherrschenden Energieträger wie Kohle, Erdöl und Erdgas nur noch einige Jahrzehnte ausreichen, und das allgemein gewachsene Bewußtsein um die Umweltbelastung führten dazu, daß in den 50er Jahren in einigen Ländern — Dänemark, Frankreich, UdSSR und USA — Windgeneratoren mit Leistungen bis 1 MW aufgebaut und erfolgreich betrieben wurden. In den USA wurde kürzlich eine Prototyp-Maschine mit einem zweiflügeligen Propeller von 38 m ϕ gebaut, die bei Windgeschwindigkeiten oberhalb 8 m/sec 100 kW elektrische Leistung abgibt, das sind knapp 100 W pro m^2 überstrichener Fläche [5]. Rechnet man mit Investitionskosten von 200 $ pro m^2 überstrichener Fläche und (bei verbesserter Konstruktion) mit 150 W/m^2 mittlerer Leistung, so liegen die Stromerzeugungskosten in der gleichen Größenordnung wie bei Kernkraftwerken [7]. Zum Ausgleich der wetterbedingten Leistungsschwankungen wären allerdings Energiespeicher erforderlich, die die Investitionskosten nach grober Schätzung auf 300 $ pro m^2 erhöhen würden. Trotzdem scheint die Windenergie für die nordeuropäischen Küstenregionen durchaus einen merklichen und kurzfristig realisierbaren Beitrag zur Energiebilanz auf relativ ökonomische Weise beisteuern zu können, wie dänische [7] und englische [8] Studien ausweisen. Der Vergleich zwischen Sonne und Wind fällt hier eindeutig zugunsten der Windenergie aus, u. a. auch deshalb, weil die größeren Windgeschwindigkeiten im Winter auch mit dem höheren Bedarf an Elektroenergie koinzidieren.

Neuesten Meldungen zufolge ist der Einsatz von Windkraftwerken in der Sowjetunion weit fortgeschritten [9]. So arbeiten an der Baikal-Amur-Magistrale bereits hundert Windkraftwerke, und ein Energie-Verbundnetz, bestehend aus 238 Aggregaten mit je 1 MW Leistung, soll ab 1980 auf der Halbinsel Kola aufgebaut werden.

Im Weltmaßstab gesehen aber können, schon wegen ihrer Standortbeschränkungen, weder Sonnen- noch Windenergie das Ressourcenproblem der Energetik lösen.

Die Energiequelle Wasser kann bekanntlich sehr effektiv zur Elektrizitätserzeugung genutzt werden, wie insbesondere die großen Wasserkraftwerke der UdSSR oder auch solcher Länder wie Norwegen oder der Schweiz zeigen. Die noch erschließbaren Reserven geben jedoch der Wasserkraft nur wenige Prozent Anteil an der zukünftigen Weltenergiebilanz.

So bleibt als einzige reale Alternative zur Ablösung der fossilen Brennstoffe für

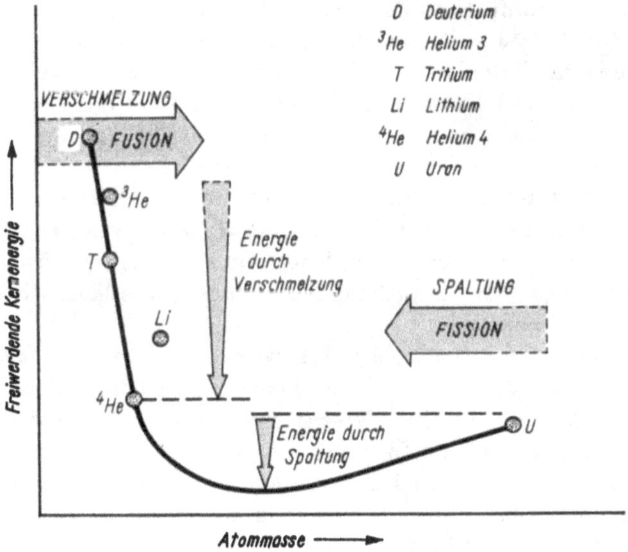

Abb. 5 Prozesse der Freisetzung der in Atomkernen gebundenen Energie
(Bauer, M., Maple, J. und Sheffield, Das Jet-Projekt, Eur-Jet-R7, August 1975)

die Deckung des Hauptteils des rasch wachsenden Energiebedarfs die Kernenergie. Diese Ablösung hat bereits begonnen. Im Jahre 1975 betrug der Anteil der Kernkraftwerke an der Elektroenergieerzeugung im Weltmaßstab 5%, und dieser wird sich voraussichtlich bis zum Jahre 2000 auf 40% erhöhen [10].

Zur Freisetzung der in den Atomkernen gebundenen Energie stehen zwei grundsätzlich verschiedene Prozesse zur Verfügung (Abb. 5). Die durch Neutronen induzierte Spaltung von Uran und Transuranen, die in den heutigen Kernkraftwerken verwendet wird, hat physikalisch den Vorteil, daß sie bei genügender Konzentration der spaltbaren Kerne in einer geeigneten geometrischen Anordnung von überkritischer Größe spontan als Kettenreaktion abläuft. Bei der Fusion von Wasserstoffisotopen zu Helium muß dagegen zur Einleitung der Reaktion das Material auf eine Temperatur von 100 Mio Grad aufgeheizt werden, woraus sich die besonderen Schwierigkeiten bei der technischen Beherrschung der thermonuklearen Fusion ergeben.

Bei der Energiegewinnung aus der Uranspaltung läuft der folgende Reaktionszyklus ab:

$$\text{U 235 [0,7\%]} + \text{n} \rightarrow \text{Spaltprodukte} + \nu \cdot \text{n} + 200\ \text{MeV}$$
$$\text{U 238 [99,3\%]} + \text{n} \rightarrow \text{Pu 239}$$
$$\text{Pu 239} + \text{n} \rightarrow \text{Spaltprodukte} + \nu \cdot \text{n} + 200\ \text{MeV}$$

In den heutigen thermischen Reaktoren wird das Hauptisotop U 238 nur zu einem geringen Bruchteil ausgenutzt. Bei einem solchen Ausnutzungsgrad reichen die verfügbaren Uranreserven bei weitem nicht aus, um das Ressourcenproblem der Energetik zu lösen. Erst durch die Einführung des Brutprinzips, realisierbar in den Schnellen Brutreaktoren (SBR), läßt sich die Hauptmenge des Urans auf dem Weg über die Umwandlung in Plutonium für die Energieerzeugung verwerten. Wegen der stark sinkenden Brennstoffkosten pro Energieeinheit sind dann auch ärmere Uranvorkommen öknomisch verwertbar, so daß die Brennstoffversorgung der Kernenergiewirtschaft für Hunderte von Jahren gewährleistet ist.

Gegenwärtig befindet sich die Kernenergieerzeugung auf der Basis thermischer Reaktoren in einer stürmischen Entwicklung. Damit wird ein rasch wachsender Anteil der knappen hochwertigen Uranreserven verpfändet, und die möglichst frühzeitige Einführung des Brutreaktors zur Schließung des Brennstoffkreislaufs wird zu einer ökonomischen Notwendigkeit.

Der Brutreaktor weist einen höheren technologischen Schwierigkeitsgrad auf als der thermische Reaktor. Das hängt vor allem damit zusammen, daß zur Abführung der Energie aus der aktiven Zone kein Wasser mehr verwendet werden kann. Der mit flüssigem Natrium gekühlte SBR mit oxidischem Brennstoff, mit dessen technischer Entwicklung zuerst in der UdSSR begonnen wurde, stellt heute international die Vorzugsvariante für die erste Generation kommerzieller Brüterkraftwerke dar. Abb. 6 zeigt einen Schnitt durch den Reaktor des Prototypkraftwerkes BN-350 in Schewtschenko, das in Wärme-Kraft-Kopplung zur Elektrizitätserzeugung und Meerwasserentsalzung eingesetzt wird. Das in der aktiven Zone

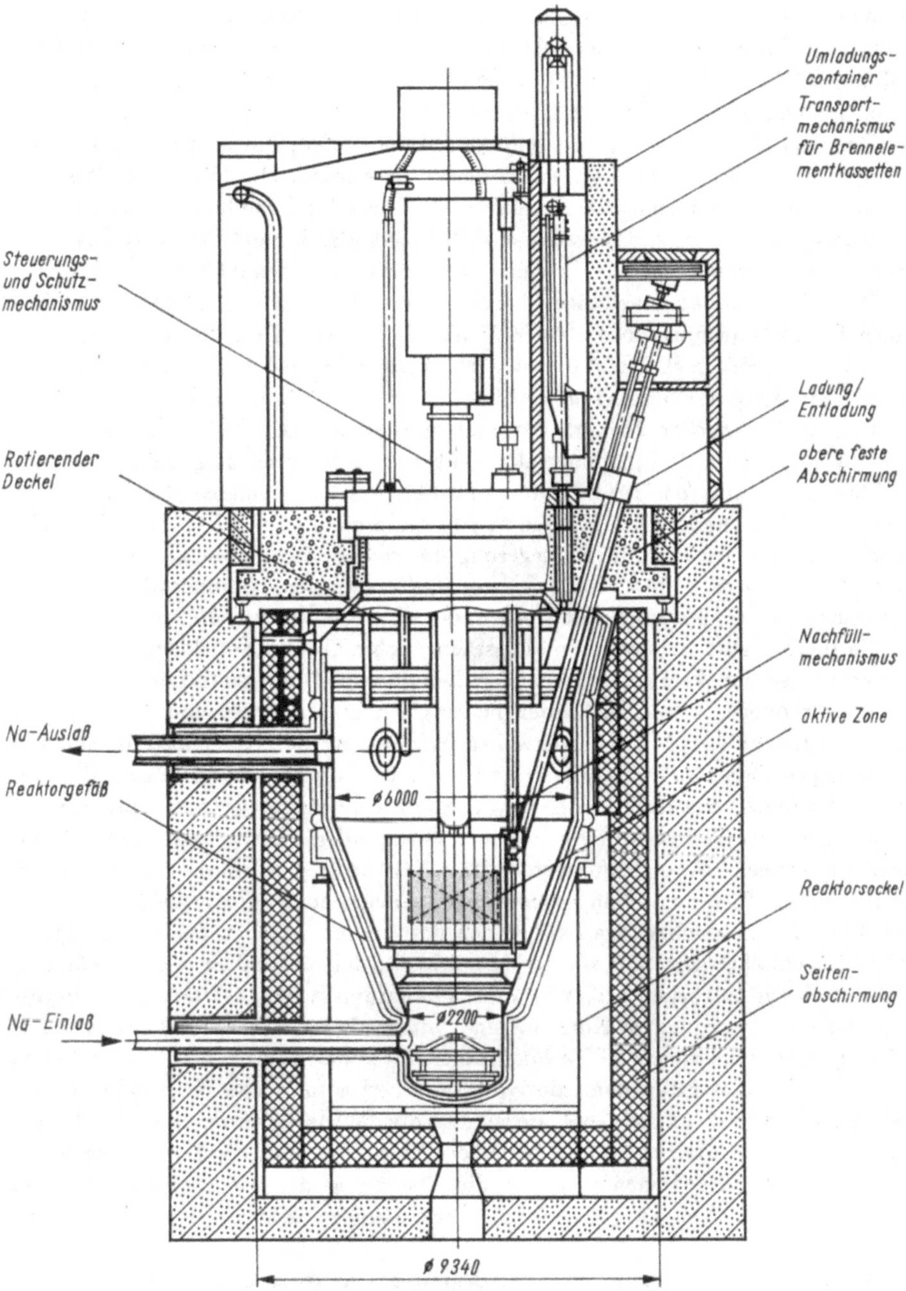

Abb. 6 Schnitt durch den Reaktor des Prototypkraftwerkes BN-350 in Schewtschenko (W. Häfele et al., Fusion and fast breeder reactors IIASA RR-77-8, S. 136, 1977)

erhitzte Natrium gibt in einer äußeren Schleife seine Energie an einen zweiten, inaktiven Natriumkreislauf ab, der seinerseits die Dampferzeuger betreibt. 1979 soll ein 600 MW-Reaktor BN-600, in Belojarsk in Betrieb gehen. Er ist vom Tank-Typ, bei dem der erste Wärmetauscher gemeinsam mit der aktiven Zone in einem großen, mit flüssigem Natrium gefüllten Tank untergebracht ist und nur die Dampferzeuger im äußeren Kreislauf betrieben werden. Die bisher schwierigsten technologischen Probleme traten nicht im nuklearen Teil, sondern bei den Dampferzeugern auf, in denen das Natrium absolut zuverlässig vom Wasserkreislauf getrennt werden muß und auch geringfügige Lecks nicht geduldet werden können.

Ökonomisch konkurrenzfähige Parameter des SBR werden bei weiterer Steigerung der Blockleistung über 1000 MW hinaus erwartet. Projekte dieser Art sind u. a. der sowjetische BN-1600 und der französische Super-Phenix (1200 MW). Mit ihrer Erprobung dürften Anfang der 90er Jahre alle Voraussetzungen für den Serienbau kommerzieller Brüterkraftwerke geschaffen sein. Damit könnte gerade noch rechtzeitig die Verknappung der billigen Uranreserven aufgefangen werden.

Gleichzeitig mit den Brutreaktoren müssen die Technologien des Brennstoffkreislaufs (Abtrennung von Plutonium und Uran aus den abgebrannten Brennelementen, Konzentration und Endlagerung des radioaktiven Abfalls, Refabrikation der Brennelemente) entwickelt werden. Hierfür werden voraussichtlich regional zentralisierte Anlagen geschaffen werden, die viele Reaktoren bedienen.

Die hierbei auftretenden technologischen Probleme sind gut überschaubar und sicher in der zur Verfügung stehenden Zeit lösbar. Die eigentlichen und gegenwärtig die internationale Diskussion beherrschenden Probleme sind ihrem Wesen nach politischer Art. Mit der weltweiten Verbreitung der Kernenergetik und des zugehörigen Brennstoffkreislaufs wächst auch die Menge und die Zugänglichkeit des Plutoniums, das auch als Kernsprengstoff verwendet werden kann. Die Befürchtungen der Carter-Administration in bezug auf die Brüterentwicklung haben hier ihre Ursache. Ihre Bemühungen, diese Entwicklung zu stoppen, zielen jedoch in die falsche Richtung, denn angesichts des Energiehungers der Welt ist es absolut illusionär zu glauben, man könne den notwendigen Ausbau der Kernenergetik künstlich einschränken. Die einzige Möglichkeit, den tatsächlich realen Gefahren, die mit einem möglichen Mißbrauch des Plutoniums zusammenhängen, zu begegnen, ist ein konsequenter Kurs auf eine international vereinbarte nukleare Abrüstung und die universelle Verbindlichkeit internationaler Kontrollmaßnahmen, wie sie z. B. im Vertrag über die Nichtweiterverbreitung von Kernwaffen vorgesehen sind. Leider ist in dieser Beziehung die Politik Carters und der übrigen imperialistischen Mächte äußerst widersprüchlich, wie z. B. die Bestrebungen zur Einführung der Neutronenwaffe und die Ablehnung der von den sozialistischen Ländern vorgeschlagenen gegenseitigen Verpflichtung, nicht als erster Kernwaffen einzusetzen, zeigen.

Wie bereits gesagt wurde, muß zu Beginn des nächsten Jahrhunderts in rasch wachsendem Maße die Substitution der fossilen Energieträger auch für Anwendungszwecke außerhalb der Elektrizitätserzeugung erfolgen. Auch diese Aufgaben

muß zum großen Teil die Kernenergie übernehmen. Das stellt besonders hohe Anforderungen an das Entwicklungstempo der Kernenergetik und ihre Anpassung an die unterschiedlichen Anwenderbedürfnisse.
Zwei Probleme zeichnen sich hier ab:

Erstens werden neben den wahrscheinlich nur in großen Blockeinheiten und im Grundlastbetrieb ökonomisch einsetzbaren Schnellen Brutreaktoren weiterhin thermische Reaktoren für Wechsellastbetrieb und zur Wärmeversorgung benötigt. Zur Bereitstellung hochwertiger Prozeßwärme wird der Einsatz spezieller thermischer Hochtemperaturreaktoren erforderlich sein.

Zweitens wird das mögliche Entwicklungstempo der Kernspaltungsenergetik durch die Brutrate der SBR bestimmt werden. Man verwendet hierfür den Begriff der Verdopplungszeit, das ist die Zeit, die ein SBR einschließlich des kompletten Brennstoffzyklus benötigt, um sein anfängliches Plutonium-Inventar zu reproduzieren und damit die Möglichkeit zur Errichtung eines weiteren Reaktors gleicher Leistung zu geben. Darüber hinaus werden zusätzliche Plutoniummengen für Errichtung und Betrieb der benötigten thermischen Reaktoren erforderlich. Damit entsteht ein neues Ressourcenproblem, dessen befriedigende Lösung noch nicht gesichert erscheint.

Die Verdopplungszeit des BN-600 wird etwa 12 Jahre betragen. Eine so lange Verdopplungszeit wird nicht einmal ausreichen, den wachsenden Elektroenergiebedarf zu decken. Von dem in der Projektierung befindlichen BN-1600 erhofft man die Realisierung einer Verdopplungszeit von etwa 8 Jahren. Aber auch diese ist noch zu lang, um alle Bedürfnisse befriedigen zu können. Für die weitere Perspektive wird allerdings eingeschätzt, daß mit den natriumgekühlten SBR, evtl. beim Übergang zu anderen Brennstoffzusammensetzungen, Verdopplungszeiten von 5 bis 6 Jahren erreichbar sein werden [9].

Die Verkürzung der Verdopplungszeit ist jedenfalls ein Problem von entscheidender Bedeutung, dessen Lösung große Anstrengungen erfordert. Dadurch wird für den SBR unabhängig von den übrigen ökonomischen Kriterien auf maximale Leistungsdichte in der aktiven Zone und auf maximale Ausnutzung im Grundlastbetrieb orientiert, wodurch andererseits wieder der parallele Einsatz flexiblerer thermischer Reaktorsysteme erzwungen wird. Eine weitere technologische Aufgabe ist die maximale Verkürzung des äußeren Brennstoffzyklus.

Die genannten, durchaus nicht trivialen Randbedingungen der Entwicklung einer ausschließlich auf die Kernspaltung gegründeten Kernenergiewirtschaft machen die forcierte technische Erschließung der gesteuerten thermonuklearen Fusion als weitere Primärenergiequelle zu einer Aufgabe von größter perspektivischer Bedeutung (siehe dazu auch [11]).

In den letzten Jahren hat sich weltweit die Überzeugung gefestigt, daß dies noch in diesem Jahrhundert erreicht werden kann. Die Forschungsprogramme der auf diesem Gebiet führenden Länder werden z. Zt. sehr stark ausgebaut. Dies ist insbesondere in den USA zu beobacheten, deren verstärkte Anstrengungen durch den Ende der 60er Jahre offensichtlich gewordenen Erfolg des sowjetischen Tokamak-Konzepts initiiert wurden (Abb. 7).

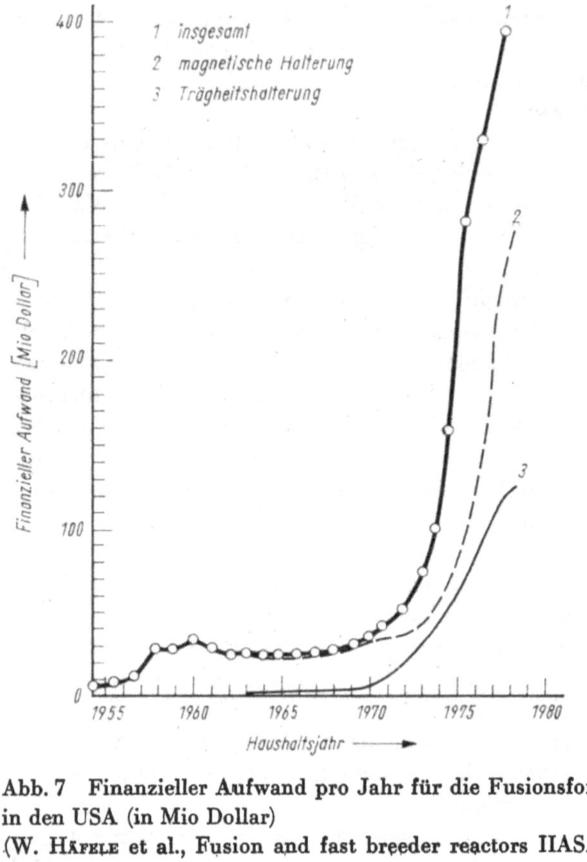

Abb. 7 **Finanzieller Aufwand pro Jahr für die Fusionsforschung in den USA (in Mio Dollar)**
(W. Häfele et al., Fusion and fast breeder reactors IIASA RR-77-8, S. 98, 1977)

Das sowjetische Programm dürfte mindestens den gleichen Umfang haben. Andere Länder, die ebenfalls größere Programme bearbeiten, sind England, Frankreich, die BRD und Japan.

Gegenwärtig vollzieht sich ein breiter Übergang von der rein plasmaphysikalischen Grundlagenforschung zur technologieorientierten Forschung und Entwicklung, woraus sich auch die starke Erhöhung der eingesetzten Forschungskapazitäten erklärt.

Mit diesem großen Einsatz hofft man, im Laufe der 80er Jahre den endgültigen experimentellen Beweis für die physikalisch-technische Beherrschbarkeit der Kernfusion erbringen zu können, worauf dann in den 90er Jahren die ersten Demonstrationsreaktoren gebaut werden sollen.

Von den möglichen Fusionsreaktionen kommt hauptsächlich die Reaktion von Deuterium- mit Tritiumkernen infrage, weil hierfür die Reaktionsbedingungen am leichtesten realisiert werden können. Das benötigte Tritium ist ein künstliches, in der Natur wegen seiner kurzen Halbwertzeit von 12,3 Jahren nicht vorkommendes Element, das ähnlich wie das Plutonium in den Spaltungs-Reaktoren in einem Brut-Kreislauf hergestellt werden muß. Hierfür wird die Reaktion von Lithium mit den Neutronen aus der D-T-Reaktion verwendet.

Das folgende Schema zeigt diesen Reaktionszyklus und die dabei auftretenden Energietönungen:

D + T	→ He^4 (3,5 MeV)	+ n (14,1 MeV)	17,6 MeV
n + Li^6 (7,4%)	→ T (2,7 MeV)	+ He^4 (2,1 MeV)	4,8 MeV
n (E > 4 MeV) + Li^7	→ T	+ He^4 + n	−2,5 MeV

Der größte Teil der freiwerdenden Energie geht in die Neutronen, die außerhalb der thermonuklearen Reaktionszone in einem Brutmantel abgebremst und von Li absorbiert werden. Die Nutzenergie eines Kernfusionsreaktors wird daher zum größten Teil durch Wärmeabfuhr aus dem Brutmantel gewonnen (Abb. 8). Infolge der $^7Li + n \rightarrow T + {}^4He + n'$-Reaktion und (n, 2n)-Reaktionen an anderen Materialien im Blanket tritt ein Neutronenüberschuß auf, so daß mehr Tritium erzeugt als im Zyklus verbraucht wird. Der Brutfaktor ist merklich größer als 1, und da das Tritium-Inventar eines Fusionsreaktors gering ist (man rechnet etwa 1 kg pro GW), so ist auch die Verdopplungszeit sehr kurz (Monate).

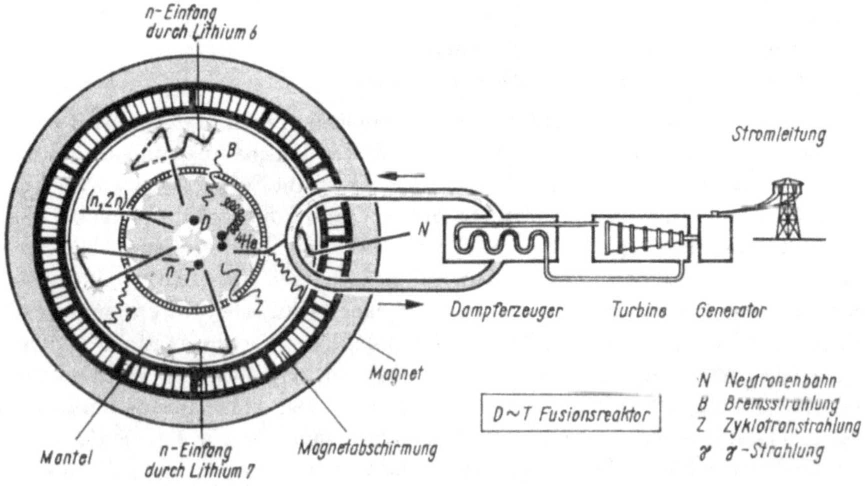

Abb. 8 Schema eines Fusionsreaktors
(Bauer, M., Maple, J. und Sheffield, Das Jet-Projekt, Eur-Jet-R 7, August 1975)

Da das Deuterium in den Weltmeeren in praktisch unbegrenzter Menge zur Verfügung steht, ist es zweckmäßig, das Energiepotential der Fusion auf das eingesetzte Lithium zu beziehen. Abschätzungen für den möglichen Abbrand des Lithiums im Brutmantel eines Fusionsreaktors ergeben ein Energieäquivalent von maximal 1 MWd/g. Damit ist der Energieinhalt von Lithium, bezogen auf die Masseneinheit, etwa ebenso groß wie der von Uran bei voller Ausnutzung im Brutreaktor. Die Lithium-Reserven der Erde sind sicher größer und leichter zugänglich als die Uran-Reserven. Daher ist die Brennstoffversorgung einer auf die Kernfusion gegründeten Weltenergiewirtschaft ebenso wie für den Schnellen Brüter kein relevantes Problem für eine voraussehbare Zukunft von mehr als 1000 Jahren.

Zur Einleitung der Fusionsreaktion muß das Plasma zunächst aufgeheizt werden. Die Aufheizung muß in einer Zeit erfolgen, die kleiner als die Zeit τ ist, während der das heiße Plasma eingeschlossen werden kann, und die Aufheizleistung muß größer sein, als die durch die unvermeidliche Bremsstrahlung abgestrahlte Leistung.

Damit eine positive Energieausbeute erzielt wird, muß die freigesetzte Fusionsenergie unter Berücksichtigung der Umwandlungsverluste wenigstens zur Bereitstellung der Aufheizenergie ausreichen. Aus dieser Forderung folgt das LAWSON-Kriterium, das eine Minimalbedingung für das Produkt aus Plasmadichte n und Einschlußzeit τ darstellt.

In grober Näherung gilt für $T \sim 10^8$ K

$$n\tau \approx 10^{14}\ \text{cm}^{-3}\ \text{sec}$$

Zur Erfüllung des LAWSON-Kriteriums kann man zwei verschiedene Wege einschlagen:

n groß, τ klein $\rightarrow$ Trägheitshalterung
n klein, τ groß $\rightarrow$ magnetische Halterung

Bei der Trägheitshalterung muß τ so klein gemacht werden, daß die Trägheitskräfte ausreichen, um während der Reaktionszeit das Plasma zusammenzuhalten. Das ist das Prinzip der Laserstrahl- oder Elektronenstrahl-Fusion. Wir wollen uns hier jedoch auf das Prinzip der magnetischen Halterung beschränken, das in Gestalt des Tokamak-Konzepts gegenwärtig den Hauptteil der internationalen Forschungs- und Entwicklungsanstrengungen auf sich gezogen hat (Abb. 9). In dieser Anordnung wird längs der Torusachse ein starker elektrischer Strom induziert, der das vorionisierte Plasma aufheizt. Das poloidale Eigenmagnetfeld addiert sich zum von außen angelegten toroidalen Feld und ergibt so eine günstige Bedingung für die magnetische Halterung des Plasmas. Der Plasmadruck muß kleiner als die Energiedichte des magnetischen Feldes sein. Daraus folgen für technisch realisierbare Magnetfeldstärken eine Plasmadichte von etwa 10^{14} Atomen pro cm^3 und entsprechend dem LAWSON-Kriterium Einschlußzeiten von mehr als einer Sekunde.

Die Annäherung an die Erfüllung des LAWSON- Kriteriums zeigt Abb. 10. Gegenwärtig fehlt noch etwa je eine Größenordnung für Plasmatemperatur und Einschlußzeit. Um diese letzte Hürde zu nehmen, müssen die geometrischen Abmessungen des Tokamaks wesentlich vergrößert und leistungsfähigere Aufheizmethoden entwickelt werden.

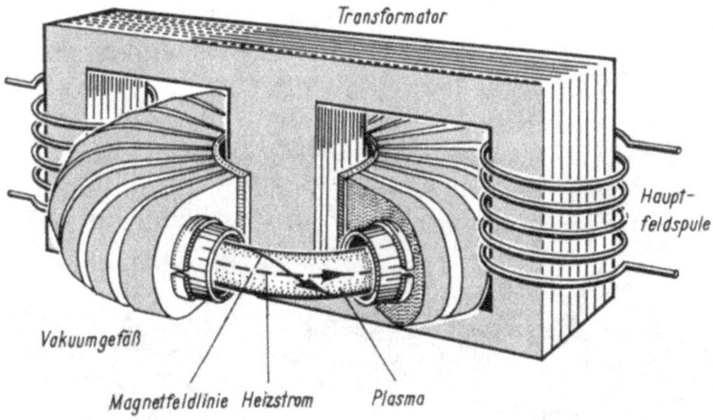

Abb. 9 Prinzipskizze eines Tokamak
(R. Wienecke, Physik 1974 — Plenarvorträge der 38. Physikertagung 1974, Nürnberg)

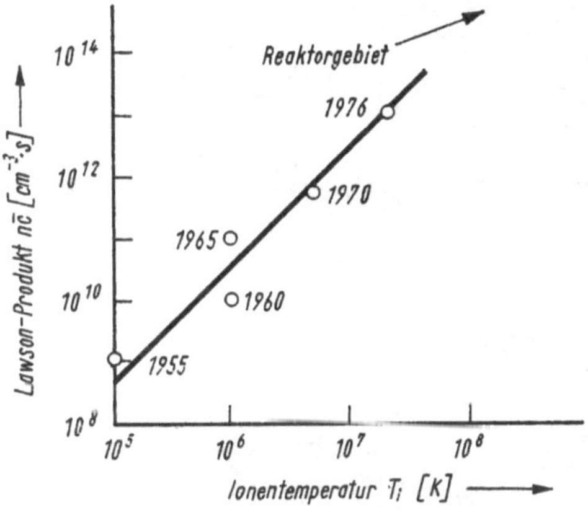

Abb. 10 Annäherung an die Erfüllung des Lawson-Kriteriums
(A Status Report to the IAEA, Triest, 12.—16. 4. 1977)

Einer der z. Zt. größten Tokamaks ist der T-10 in Moskau mit einem Plasmaradius von 40 cm. Die Maschinen der nächsten, größeren Generation sind bereits im Bau. Es sind dies der TFTR in Princeton (Abb. 11) und der T-10 M in Moskau, der bereits supraleitende Spulen besitzen wird. Die größte z. Zt. in der Projektierung befindliche Maschine ist der T-20 mit 2 m Plasmaradius, der bereits in die Größenordnung zukünftiger Fusionsreaktoren vorstößt. Damit ist zu hoffen, daß bis etwa 1985 die grundlegenden plasmaphysikalischen Voraussetzungen für die Kernfusion mit magnetischer Halterung geschaffen sein werden.

Zur besseren Lokalisierung der technologischen Probleme wurden schon eine Reihe von Projektstudien für kommerzielle Fusionskraftwerke ausgearbeitet. Dabei sind bisher keine Probleme sichtbar geworden, die nicht im Laufe der sowieso

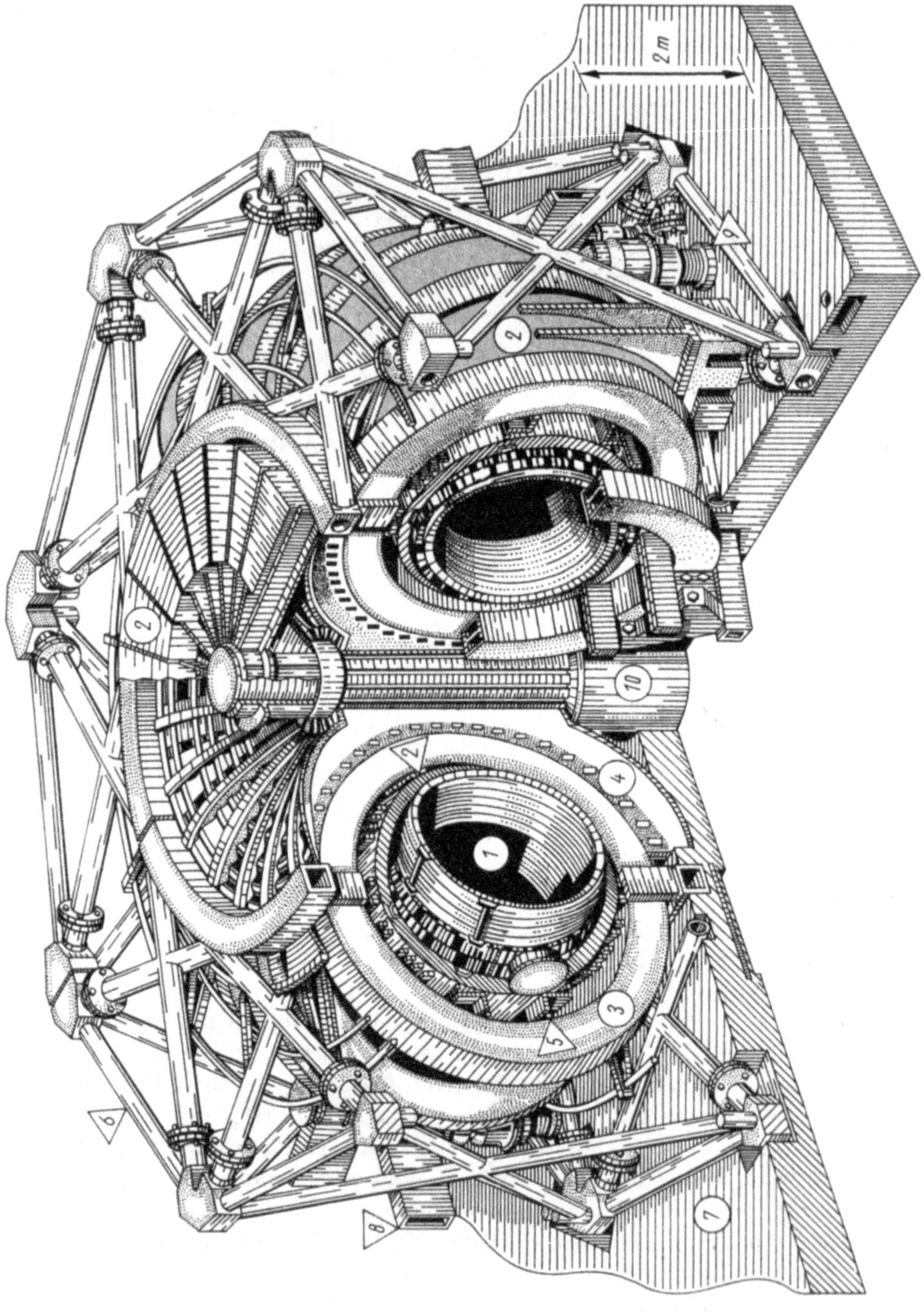
2 m
1
2
3
4
5
6
7
8
9
10

noch erforderlichen mindestens 20 Jahre Entwicklungszeit gelöst werden könnten. Mit großer Sicherheit kann man aber heute schon sagen, daß die Investitionskosten bei allen Varianten hoch sein werden, wahrscheinlich höher als für schnelle Brutreaktoren vergleichbarer Leistung.

Während in der aktiven Zone eines SBR Leistungsdichten von 500 MW/m^3 erreicht werden, ist die Leistungsdichte des Fusionsplasmas im Tokamak auf etwa 1 MW/m^3 beschränkt. Wegen des damit verbundenen größeren Volumens eines Fusionsreaktors betragen daher die Materialaufwendungen das Mehrfache derer für einen Spaltungsreaktor [12]. Dieser Nachteil wird aber möglicherweise überkompensiert durch den geringen Aufwand für den Brennstoffkreislauf und die günstigeren Umwelt- und Sicherheitsaspekte. Eine „billige“ Energiequelle wird jedoch die Fusion ebensowenig sein wie die Kernspaltungsenergie.

Gleichzeitig mit dem breiten kommerziellen Einsatz der SBR wird nach den heutigen Prognosen die Kernfusion als neue Alternative auf den Plan treten. Wir müssen daher das Potential der Kernfusion vor allem mit dem der SBR vergleichen. Beide Optionen können für sich praktisch unbegrenzte und billige Brennstoffreserven reklamieren. Sie besitzen jedoch jeweils charakteristische Vor- und Nachteile, die gegeneinander abzuwägen sind. Diese Aspekte sind in der folgenden Tabelle einander gegenübergestellt.

Während die ökonomischen Kriterien, insbesondere in bezug auf die Investitionskosten wegen des mindestens 30 Jahre betragenden Vorsprungs des SBR vor dem Fusionsreaktor in der technologischen Entwicklung noch nicht mit genügender Sicherheit verglichen werden können, so gibt es doch einige wichtige physikalisch-technische Parameter, die den Fusionsreaktor vor dem SBR auszeichnen, und zwar

- die um eine Größenordnung geringere Verdopplungszeit des Brennstoffs, die damit nicht wie beim SBR zu einer Schranke für die extensive Erweiterung der Kernenergetik werden kann;
- die größere inhärente nukleare Sicherheit (kein „Durchgehen“ möglich, geringe Nachwärmeleistung).

Abb. 11 Konstruktiver Aufbau des Tokamakprojektes TFTR in Princeton
(H. Winter, Vacuum 25, S. 497, 1975)

1 Toroidales Vakuumgefäß
2 Abschirmung
3 Toroidale Feldspulen
4 Feldspule für die Ohmsche Heizung
5 Gleichgewichtsfeldspule
6 Stützkonstruktion zur Aufnahme der magnetischen Kräfte
7 Fundament
8 Kanäle für Neutralteilcheninjektion
9 Vakuumpumpen für das toroidale Gefäß
10 Zentrale Stützsäule

Vergleich zwischen Schnellen Brutreaktoren und Fusionsreaktor
a) Vorteile des Fusionsreaktors

Parameter	Schneller Brutreaktor	D-T-Fusionsreaktor
Energiepotential (bezogen auf gegenwärtigen Weltenergieverbrauch)	10^3—10^4 Jahre	10^5—10^7 Jahre
Brennstoffkosten	niedrig	vernachlässigbar
Brennstoffkreislauf	besondere Aufarbeitungsanlagen	innerer Kreislauf
Verdopplungszeit	Jahre	Monate
Aktives Brennstoffinventar	Tonnen (Plutonium)	Kilogramm (Tritium)
Brennstoffrückstände	hoch radioaktiv	nicht radioaktiv
Latenter Energieinhalt (Sicherheitsrisiko)	sehr hoch	gering
Nachwärme	hoch	gering

b) Vorteile des Schnellen Brutreaktors

Parameter	Schneller Brutreaktor	D-T-Fusionsreaktor
Strahlenbelastung kritischer Konstruktionsteile	hoch	sehr hoch
Anlagekosten im Vergleich zu Betriebskosten	hoch	sehr hoch
Technologische Probleme	im Prinzip gelöst	noch weitgehend unklar
Noch erforderliche Entwicklungszeit bis zum kommerziellen Einsatz	10 Jahre	mindestens 30 Jahre
Ökonomische Konkurrenzfähigkeit	erscheint gesichert	?

Weitere Vorteile, die den reinen Fusionsreaktor für sich genommen auszeichnen, sind

— keine Verwendung von Plutonium oder anderem Material, das sich als Kernsprengstoff eignet;
— das wesentlich geringere Gefährdungspotential in bezug auf eine mögliche radioaktive Verseuchung der Umwelt auch bei unwahrscheinlichen Havarien oder Katastrophen;
— der innere Brennstoffkreislauf, der besondere Aufarbeitungsanlagen sowie Transport und Lagerung hochradioaktiver Stoffe unnötig macht.

Hierzu ist jedoch folgendes zu bemerken: Um die weltweite Verbreitung des Plutoniums als Kernbrennstoff wird man so oder so nicht herumkommen. Um das zu verhindern, kommt die Fusion zu spät.

Die sicherheitstechnischen Aspekte der Spaltungs-Kernkraftwerke, Aufbereitungsanlagen und Abfallendlagerung können und werden technologisch beherrscht werden. Die dafür notwendigen Aufwendungen können sich allerdings als ökonomischer Vorteil für den Fusionsreaktor auswirken.

Da wir also sicher bis weit ins nächste Jahrhundert hinein mit dem Plutonium werden leben müssen, gewinnt neuerdings eine Variante des großtechnischen Einsatzes der Fusion in einer integrierten Kernenergiewirtschaft an Interesse. Dies ist der Fusions-Spaltungs-Hybridreaktor.

Der D-T-Fusionsreaktor stellt eine sehr intensive Neutronenquelle dar. Diese Neutronen können außer zum Brüten von Tritium auch zur Energiemultiplikation in einer im Blanket untergebrachten unterkritischen Spaltstoffanordnung, z. B. aus natürlichem Uran, verwendet werden. Pro Fusionsneutron wird damit eine wesentlich größere Energiemenge freigesetzt, und die Bedingungen des LAWSON-Kriteriums können herabgesetzt werden. Das würde zu kleineren und weniger aufwendigen Anlagen führen, was sicher von großem Vorteil in der ersten Phase der technischen Nutzung der Kernfusion wäre. Der entscheidende Vorteil des Hybridreaktorkonzepts ist jedoch, daß damit eine zusätzliche Plutoniumquelle erschlossen würde. Damit könnte die wegen der langen Verdopplungszeit der SBR zu erwartende Schwierigkeit, das notwendige Tempo bei der breiten Entwicklung der Kernenergetik zu sichern, beseitigt werden. Nach sowjetischen Abschätzungen ergibt sich folgende Gegenüberstellung:

1 GW Schneller Brutreaktor gibt 80—160 kg Pu pro Jahr;
1 GW Fusions-Hybridreaktor gibt 800 kg Pu pro Jahr.

Bei der Realisierung eines solchen Konzepts könnte eine ausgeglichene Plutoniumbilanz mit 30% SBR, 20% Hybridreaktoren und 50% thermischen Reaktoren hergestellt werden [13].

Wegen der großen Komplexität von Kernfusionsanlagen gilt hier analog wie beim SBR, daß sie voraussichtlich auch nur in sehr großen Blockeinheiten und im Grundlastbetrieb öknomisch einsetzbar sein werden. Daher ist kaum vorstellbar, daß sich in einer späteren Phase die Fusion als alleinige Kernenergiequelle gegenüber der Kernspaltung durchsetzen wird. Wahrscheinlich aber ist (etwa ab dem Jahr 2000) eine längere Phase der Koexistenz und möglicherweise auch einer engen Symbiose beider Formen der friedlichen Nutzung der Kernenergie.

Voraussetzung für eine solche Zukunft ist allerdings, daß das nukleare Wettrüsten beendet wird und alle politischen Voraussetzungen im Zusammenleben der Völker dieser Erde so geschaffen werden, daß der kriegerische Mißbrauch der Kernenergie ein für allemal unmöglich wird. Die schon jetzt erfolgende breite internationale Zusammenarbeit auf dem Gebiet der Fusionsforschung, z. B. auch zwischen der UdSSR und den USA, ist ein wichtiger, wenn auch nicht entscheidender Schritt auf diesem Wege.

Wie ich zu zeigen versuchte, gibt es keine Patentlösung des Energieproblems. Neben den verschiedenen Varianten der Kernenergie, die zweifellos die Hauptenergiequelle der Zukunft darstellen wird, werden auch die anderen Primärenergiequellen wie Sonne, Wind und geothermische Energie (über letztere habe ich nicht im einzelnen gesprochen) einen Beitrag leisten müssen. Über das relative Gewicht der verschiedenen Optionen werden in erster Linie die erforderlichen Investitionskosten entscheiden, da voraussichtlich niemals wieder so günstige Verhältnisse wie in der historisch kurzen Periode des billigen Öls (1950—1970) eintreten werden.

Umweltaspekte werden dabei auch eine Rolle spielen, sollten jedoch nicht überbewertet werden. Natürlich sind Sonne, Wind und Wasser die umweltfreundlichsten Energiequellen, jedoch ist auch der Betrieb von Kernkraftwerken wesentlich umweltfreundlicher als der von Kohle- oder Ölkraftwerken mit ihren die Umwelt schädigenden Emissionen, und was das Risiko einer katastrophen Havarie betrifft, so sind wohl nirgendwo sonst in der Technik derart umfangreiche Sicherheitsvorkehrungen üblich wie in der Kernenergie. Schließlich gibt es auch bei den so umweltfreundlichen Wasserkraftwerken das Risiko eines Dammbruchs. Die Auswirkungen einer solchen Katastrophe dürften wohl kaum geringer sein als die eines vermutlich noch unwahrscheinlicheren großen Reaktorunfalls.

Wie wird nun die Struktur der Weltenergiewirtschaft in etwa 50 Jahren aussehen? Im „Energieprojekt" des Internationalen Instituts für Angewandte Systemanalyse (IIASA) wurde die in Abb. 12 dargestellte Prognose gegeben.

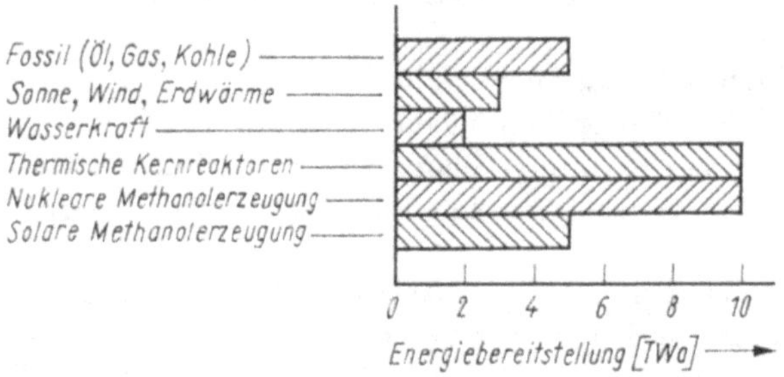

Abb. 12 Energiebereitstellung für das Jahr 2030
(Status Report des Energieprojektes des IIASA Laxenburg b. Wien, 1978)

Die angegebenen Zahlen sind mit dem gegenwärtigen Weltenergieverbrauch von insgesamt 7,6 TW zu vergleichen. Die Fusion wurde dabei noch nicht berücksichtigt, ihre erfolgreiche Einführung würde aber die globalen Zahlen kaum ändern, da die Fusionsreaktoren im Gesamtsystem eine ähnliche Rolle wie die Schnellen Brutreaktoren übernehmen müßten.

Der quantitativen Entwicklung der Energieproduktion entspricht eine Steigerungsrate von 2,8% pro Jahr. Das Bemerkenswerteste aber ist der grundsätzliche qualitative Strukturwandel, der in den prognostischen Zahlen zum Ausdruck kommt. Das ehemals so billige Öl und Erdgas muß durch synthetischen Brennstoff substituiert werden, dessen Erzeugung den Bau äußerst investitionsintensiver Anlagen voraussetzt. Tatsächlich werden in der o. a. Prognose etwa 80% der benötigten Gesamtinvestitionen für diesen Teil der zukünftigen Energiewirtschaft veranschlagt. Damit wird zwar das Ressourcenproblem gelöst, aber auf Kosten wesentlich höherer anteilmäßiger gesellschaftlicher Aufwendungen für die Energiebereitstellung. Unabhängig von der Zuverlässigkeit der prognostischen Aussagen über die in Abb. 12 aufgeführten Einzelpositionen erscheint diese Schlußfolgerung unausweichlich. Daraus ergibt sich auch die ökonomisch begründete Dringlichkeit aller Maßnahmen zur rationellen Energieanwendung und -einsparung.

Aus der Notwendigkeit, die Kernenergie in der Perspektive in großem Umfange auch außerhalb der Elektrizitätserzeugung zur Sicherung der ökonomisch erforderlichen Gebrauchsenergiestruktur einzusetzen, ergibt sich übrigens als positiver Effekt, daß damit das Spitzenlastproblem der Elektrizitätswirtschaft entschärft wird. Dieser Effekt tritt bereits bei der Wärme-Kraft-Kopplung auf, wird aber vollends zum Tragen kommen, wenn als Koppelprodukt gut speicherbarer synthetischer Brennstoff erzeugt wird. Da bis dahin aber noch ein langer Weg ist, ist mittelfristig die Entwicklung kostengünstiger Energiespeicher zur Ausgleichung der Lastschwankungen von großer volkswirtschaftlicher Bedeutung.

Die DDR hatte in der Vergangenheit nicht die Möglichkeit, sich entsprechend dem internationalen Trend an der Nutzung des Ölbooms zu beteiligen und mußte auch früher schon anteilmäßig mehr in die Energie- und Brennstoffwirtschaft investieren. In gewisser Weise haben wir daher jetzt bessere Voraussetzungen als andere Länder, uns dem in den nächsten Jahrzehnten bevorstehenden Strukturwandel der Energiewirtschaft anzupassen. Da aber die Braunkohlenförderung nicht mehr wesentlich gesteigert werden kann, muß in der DDR die Substitution der fossilen Energieträger schneller voranschreiten als in anderen Ländern.

Daraus folgt:

Die DDR muß sich schon jetzt auf die forcierte Entwicklung der Kernenergie orientieren und diese auch schon mittelfristig außerhalb der Elektrizitätserzeugung, z. B. für die Fernwärmeerzeugung, einsetzen. Daraus ergibt sich auch die Verpflichtung für die DDR, sich neben den laufenden Forschungsarbeiten zur rationellen Errichtung und Betriebsführung der gegenwärtigen Kernkraftwerke im Rahmen des RGW in wachsendem Umfange an der Erarbeitung des langfristigen wissenschaftlichen Vorlaufs für die Kernenergetik (Schneller Brutreaktor, Brennstoffzyklus, Kernfusion) zu beteiligen und einen angemessenen und mit den anderen sozialistischen Staaten abgestimmten Beitrag zur Schaffung der Produktionsbasis für Kernenergieausrüstungen zu leisten.

Kleinere Studienprogramme zur Nutzung der Sonnenenergie für die Raumheizung und der Windenergie im Küstenbereich sollten begonnen werden, um deren reale Bedeutung für die Volkswirtschaft der DDR beurteilen zu können.

Im Vorfeld volkswirtschaftlicher Entscheidungen, die im Falle der Energiewirtschaft einen besonders langfristigen Charakter tragen, fallen der Akademie der

Wissenschaften außerordentlich wichtige Aufgaben bei der Beratung von Partei und Regierung und beim Einsatz ihres Forschungspotentials zu. Einige Gesichtspunkte, die dabei zu berücksichtigen sind, habe ich in dieser Betrachtung darzustellen versucht.

Literatur

[1] MEW **23**, S. 395 f.
[2] MEW **23**, S. 398.
[3] l. c. S. 403.
[4] J. M. Weingart, Systems aspects of large-scale solar energy conversion, IIASA research memorandum RM-77-23, 1977.
[5] W. G. Pollard, American Scientist **64** (1976) 424.
[6] C. R. Bell, Solar energy task progress report 1975/76: Evaluation of solar energy options, IIASA RM-77-20, 1977.
[7] B. Sørensen, Bull. Atomic Scientist, Sept. 1976, 38.
[8] M. Ryle, Nature **267** (1977) 111.
[9] Neues Deutschland, 24./25. Juni 1978, S. 13.
[10] R. Rockstroh, Vortrag im Kolloquium der Klasse Physik der AdW der DDR am 19. 10. 1977.
[11] K. F. Alexander, Vortrag im Kolloquium der Klasse Physik der AdW der DDR am 19. 10. 1977.
[12] W. Häfele et al., Fusion and fast breeder reactors, IIASA RR-77-8, 1977.
[13] Tagung: Ingenieurprobleme bei Fusionsreaktoren, Leningrad, Juni 1977.

FSC
www.fsc.org
MIX
Papier | Fördert
gute Waldnutzung
FSC® C083411

Kolibri 360 GmbH
Ferdinand-Jühlke-Straße 7
99095 Erfurt, Deutschland
produktsicherheit@kolibri360.de